国鉄型普通電車が走る 日本の鉄道風景

牧野和人

東海道本線の東京口を行く113系の普通列車。湘南色は日本の鉄道大動脈を象徴する塗装の一つだ。編成中に収まるグリーン車は、国鉄の分割民営化後に登場した二階建て車両。無塗装の車体に湘南色の帯を巻く。グリーン車の更新に伴い、着席需要が高い東海道へ投入された。◎東海道本線　川崎〜横浜　2005（平成17）年12月20日

.....Contents

1章 北海道・東北

函館本線 ——— 6	室蘭本線 ——— 9	東北本線 ——— 10
奥羽本線 ——— 16	常磐線 ——— 17	羽越本線 ——— 19
仙山線 ——— 20	仙石線 ——— 22	磐越西線 ——— 22

2章 関東

東北本線 ——— 28	日光線 ——— 30	外房線 ——— 31
内房線 ——— 33	総武本線 ——— 36	成田線 ——— 38
鹿島線 ——— 38	東海道本線 ——— 40	山手線 ——— 44
京浜東北線 ——— 48	京葉線 ——— 50	埼京線 ——— 51
赤羽線 ——— 52	武蔵野線 ——— 53	中央本線 ——— 54
青梅線 ——— 58	南武線 ——— 58	鶴見線 ——— 59
横浜線 ——— 61	根岸線 ——— 62	相模線 ——— 62
八高線 ——— 63	川越線 ——— 64	伊東線 ——— 65

3章 上信越・北陸

上越線 ——— 68	両毛線 ——— 73	吾妻線 ——— 73
信越本線 ——— 75	弥彦線 ——— 81	越後線 ——— 82
北陸本線 ——— 83	湖西線 ——— 88	富山港線 ——— 89
七尾線 ——— 90		

4章 東海

東海道本線 ——— 94	御殿場線 ——— 98	身延線 ——— 100
飯田線 ——— 102	大糸線 ——— 104	中央本線 ——— 106
篠ノ井線 ——— 109	関西本線 ——— 111	

5章 近畿

紀勢本線 ——— 114	関西本線 ——— 118	
阪和線 ——— 118	奈良線 ——— 120	
桜井線 ——— 121	和歌山線 ——— 122	
東海道本線 ——— 124	草津線 ——— 128	
大阪環状線 ——— 129	桜島線 ——— 132	
おおさか東線 ——— 133	山陰本線 ——— 134	
福知山線 ——— 134	加古川線 ——— 135	

6章 中国・四国・九州

山陽本線 ——— 138		
山陽本線(和田岬線) ——— 148		
赤穂線 ——— 149	播但線 ——— 150	
宇野線 ——— 150	伯備線 ——— 151	
呉線 ——— 153	福塩線 ——— 154	
可部線 ——— 155	小野田線 ——— 158	
宇部線 ——— 159	本四備讃線 ——— 163	
予讃線 ——— 164	土讃線 ——— 165	
鹿児島本線 ——— 166	日豊本線 ——— 169	
長崎本線 ——— 174	佐世保線 ——— 174	
筑肥線 ——— 175		

ヒマワリが揺れる晩夏の越後平野を行く、新潟色の115系。
◎越後線　分水〜寺泊　2005（平成17）年 8 月27日

はじめに

　主要幹線等、全国の国鉄路線で電化が推進されていったのは昭和30年代以降のこと。それまで機関車が牽引する客車や気動車で運転していた旅客列車は、電車に置き換えられた。架線が張り巡らされた線路上を走るそれらの車両は、動力近代化が叫ばれる下で誕生した近郊型電車や通勤型電車が主力だった。直流、交流と地域による電化方式の違いはあったが、多くの電車は似通った外観や車内設備を備え、国鉄型と括って称するに相応しい一体感があった。

　一方、昭和時代以前に創業した民鉄に端を発する国鉄買収路線等では、第二次世界大戦前より、都市圏の輸送に活躍した旧型国電が活躍していた。武骨ないで立ちの電車は長い年月を経て、沿線の日常風景に馴染んだ存在となっていた。しかし、ほとんどの車両は新たに設計された1モーター車へ、昭和末期までに置き換えられた。そして、旧型国電に替わって登場した電車も、異なる形式ではあるものの、基本仕様が共通な車体を載せた国鉄型であった。

　国鉄の分割民営化から30年余りの時を経て、これらの国鉄型電車は多くの路線で過去の存在となりつつある。民営化以降、各地で新たな地域色に塗装を変更した車両も多かった。

　また、一部の路線では従来の優等列車用車両が、運用の都合や特急、急行の廃止で格下げされ、普通列車に充当された例があった。

　それでも全国に浸透した同様なかたちの電車は、日本国有鉄道を偲ばせる象徴の一つであろう。その形状と色彩は、国鉄時代の情景として深く記憶に刻まれている。湘南色、スカ色、ウグイス色等、都市部で親しまれた塗装の多くは、現在の主力であるJR世代の電車に、ステンレス車体に巻かれた帯等となって引き継がれている。

2022年4月　牧野和人

◎埼京線　北与野〜大宮　2010（平成22）年11月4日

1章
北海道・東北

過酷な自然に対応すべく、工夫を凝らして進化した交流型電車

103系は昭和50年代の半ばから、旧型国電の72系を置き換えるべく、仙石線に投入された。当初は非冷房車が大半であったが、民営化後に首都圏で205系への置き換えにより、余剰となった後期型の冷房車が入線し、同じ形式で体質改善が実施された。
◎仙石線　陸前大塚～東名　2002（平成14）年11月6日

函館本線

1968（昭和43）年に小樽〜滝川間が電化開業し、北海道の国鉄路線で電化進展の歴史が始まった。小樽の東方郊外に続く張碓海岸では、波打ち際に線路が通された。複線用の片持ち架線柱等、狭小地に電化施設を建設するための工夫が施された区間を電車急行「かむい」が行く。◎函館本線　張碓〜銭函　1983（昭和58）年3月8日

国鉄が分割民営化され、各地の車両に地域色が浸透すると、711系も従来の近郊型交流電車色から、赤地にベージュの帯を巻いた塗装に塗り替えられた。しかし、2000年代に入って一部の編成が原色に再塗装され、往年の姿でファンを魅了した。◎函館本線　幌向〜上幌向　2012（平成24）年7月19日

特急列車の増発等により函館本線の「かむい」等、急行運用が無くなった後は、もっぱら普通列車に充当された711系。国鉄時代には、札幌近郊をはじめとした通勤、通学客の輸送を担った。民営化後もしばらくの間、朝のホームに停車するのは、赤い車体の電車だった。
◎函館本線　上幌向
2012（平成24）年7月19日

種別表示の上にシールドビーム二灯を載せ、113系等、従来の国鉄近郊型電車と同様な顔立ちでありながら、個性的な風貌となった711系。登場時は車体正面に灯ケース二つを埋設した一般的な仕様だった。しかし、降雪時等の視界確保を目的として、1977（昭和52）年から制御車の全てに増灯改造を実施した。
◎函館本線　美唄〜光珠内
2008（平成20）年3月2日

札幌圏での輸送量が増大するにつれ、2扉デッキ付きと従来の客車に似た仕様の711系は、車内、乗降時の混雑を招く存在になった。混雑の緩和策として客室扉を増設した3扉化。同時にデッキの撤去。ロングシート化等が、一部の車両に施工された。
◎函館本線　江部乙〜妹背牛
2008（平成20）年3月9日

明治時代に緑肥用作物として日本に導入されたルピナスは、夏を彩る花として寒冷な気候の北海道にすっかり根付いている。函館本線が通る郊外や農耕地帯で、特徴的な姿を目にする機会は多い。短い太陽の季節を謳歌するかのように、711系の普通列車が線路際に疾風を吹かせた。
◎函館本線　滝川〜江部乙　2003（平成15）年6月12日

旭川は、日本の鉄道で電車が走る北端部。複線で交流電化されてはいるものの、普通列車の運転本数は決して多くない。石狩川の畔を走る郊外部では、春になるとタンポポが河川敷を飾り、黄色いじゅうたんを敷き詰めたような眺めに赤い電車が浮かび上がった。
◎函館本線　伊納〜近文　2007（平成19）年5月23日

室蘭本線

快速「エアポート」等の札幌駅発着で千歳線へ乗り入れる運用が721系といった、後継車両の台頭で消滅した後は、苫小牧〜室蘭間の普通列車運用に充当された711系。札幌周辺に比べて輸送規模は小さい地域だが末期になると、ここにも3扉車が充当されていた。◎室蘭本線　白老〜社台　2008（平成20）年3月10日

行く手に広がるあかね空が、今日一日の終わりを告げようとする刻。原野にモーター音が響き渡った。まっすぐに延びる線路の上を室蘭に向かって進む。複線区間をさっそうと走る姿には、かつて急行運用で活躍した往時の姿が重なった。
◎室蘭本線　社台〜白老　2008（平成20）年3月10日

東北本線

1982（昭和57）年6月23日に東北新幹線が大宮〜盛岡間で暫定開業した。それに伴い、東北本線等で運転していた優等列車の中には、廃止や運転区間を短縮されるものがあった。一方、急行等が大幅に再編されるのは新幹線上野開業で、それまでは大多数の列車が残っていた。◎東北本線　金谷川〜南福島　1984（昭和59）年9月25日

寝台特急用電車の581、583系を普通列車用に改造した715系1000番台車が、1985（昭和60）年3月14日のダイヤ改正時に仙台地区へ投入された。中間車として使用されていたサハネ581形を制御車化したクハ715形1100番台車は、当時の通勤型電車のような面持ちになった。◎東北本線　貝田〜越河　1985（昭和60）年3月5日

715系は東北本線　黒磯～一ノ関間で運用されたほか、奥羽本線や仙山線にも入線した。かつて深夜、未明に走り抜けることが多かった仙台、福島、黒磯地区のJR路線で、白昼にその個性的な姿を見る機会が増えた。制御車のクハ715形1000番台車は、改造の種車であるクハネ581形の姿を色濃く残していた。◎東北本線　白坂～豊原　1987（昭和62）年8月9日

1978（昭和53）年に5編成だけ製造された近郊型交直流電車の417系。東北本線の普通列車はかつて、電気機関車がけん引する長編成を連ねた旧型客車であった。この417系や、後に改造で登場する717系などはそれに比べ、民営化前後に導入された車体の地域色と相まって軽快感をまとった。◎東北本線　越河～貝田　2002（平成14）年4月19日

民営化直前に仙台地区では高頻度・等間隔運転のシティ電車が導入され、それを機に仙台地区の電車は200系新幹線と同じ色を使った地域色に塗り替えられた。この塗色はグリーンライナー色と呼ばれ、写真の417系は民営化後にこの塗色になっている。◎東北本線　大河原〜船岡　2006（平成18）年4月23日

旧国鉄時代に特急列車の増発や新幹線の延伸等により、急行列車は次第に本線上から撤退していった。急行運用を担った二扉のクロスシート電車は、普通列車に転用された。グリーン車は連結されていないものの、正面周りに原形を留めたクハ455形を先頭にした6両編成には、優等列車の面影があった。◎東北本線　白石〜越河　2000（平成12）年5月29日

奥羽本線

板谷峠のピークである峠駅に向かう急行ざおう。急勾配が続く板谷峠越えには、途中4箇所のスイッチバック駅があり、列車は進行方向を変えて難所を克服していたが、1949年の電化後からは通過運転も可能であった。豪雪地帯で雪害から守るためポイント部分一帯がスノーシェッドに被われている。
◎奥羽本線　大沢～峠
1985（昭和60）年2月22日

在来線時代の奥羽本線では「つばさ」等の特急列車を除き、急行、旅客列車は客車や気動車で運転するものが多かった。そんな中、急行「ざおう」には急行型電車が充当され、福島～山形間で交流電化区間らしい二色塗装の姿を期間限定で見ることができた。◎奥羽本線　峠～大沢　1985（昭和60）年2月22日

梅の香が漂う名刹後楽園付近を行く普通列車。
403系や415系等、交直両用の近郊型電車が活躍し
た。落成当初の車体塗装は赤13号の地色に、正面
の警戒塗装へクリーム4号をあしらった組み合わ
せだったが、1985年のつくば科学万博にあわせて
クリーム10号を地色に青20号の帯を巻く仕様に変
更された。
◎常磐線　赤塚〜偕楽園（臨）
2006（平成18）年3月20日

常磐線の運用に就いていたエメラルドグリーン塗
装の103系。民営化後も長らく上野〜取手・成田間
の列車を受け持っていた。15両編成に増強された
通勤電車は、2006年3月18日のダイヤ改正でJR世代
の電車であるE231系と交代。首都圏で最後まで使
用された103系だった。
◎常磐線（東北本線区間）　日暮里〜上野
2005（平成17）年1月20日

上野口で活躍した415系は、常磐線の北部に当たる平(現・いわき)～原ノ町間でも運用された。太平洋の沿岸部を通る区間は、2011(平成23)年3月11日に発生した東日本大震災で、甚大な災害を被った地域だ。平成初期には雄々しくも穏やかな海辺の景色が広がっていた。◎常磐線　広野～末続　1989(平成元)年3月21日

羽越本線

羽越本線の直流電化区間は新津〜村上間。普通列車には1970年代後半より、115系が投入された。4両一組のL6編成は、2011（平成23）年に民営化以降の新潟色から湘南色に車体塗色を変更した。国鉄車両を懐かしむ復刻塗装の意味合いから車体にJRマークは貼られていなかった。◎羽越本線　中条〜平木田　2014（平成26）年9月22日

仙山線

日本初の交流電化路線となった仙山線。普通列車は客車が主力であった時代に、仙台と山形を結ぶ急行「仙山」が電車で運転されていた。「仙山」は1982（昭和57）年11月15日のダイヤ改正で快速化されたが、455系等の急行形電車が引き続き使用された。◎仙山線　八ツ森〜奥新川　1985（昭和60）年2月27日

仙石線

松島湾沿いを通っていた陸前大塚付近。東日本大震災で津波に見舞われ、復旧時にこの付近から山側の高台へ経路が付け替えられた。線路の近くには地域の特産品であるホタテの貝殻が高く積まれ、小島群を望む絶景と生活感溢れる情景が交錯していた。◎仙石線　陸前大塚～東名　2002（平成14）年11月6日

磐越西線

会津若松まで乗り入れていた特急「やまばと」が電車化され、「あいづ」と改称される以前より運転されていた急行「ばんだい」。1984（昭和59）年に快速列車化されたものの、急行時代を担っていた455系が、塗装もそのままで引き続き使用された。
◎磐越西線　関都～川桁　1984（昭和59）年9月26日

更新化改造で前照灯周りの表情が大きく変わった455系が、雪煙を上げながら厳冬期の森を行く。貫通扉には形式名を表す455と大書きされている。しかし、窓周りや列車種別の表示機器、丸味の強い妻面等は原形を留め、いかにも改造車という姿になっていた。◎磐越西線　更科(信)〜磐梯町　2003 (平成15) 年2月2日

磐梯町から連続する急勾配区間には、急曲線が幾重にも重なる。身軽な3両編成となった急行型電車が、軽いモーター音と共に上がって来た。緑色の帯にはJRマークが入っている。◎磐越西線　磐梯町〜更科(信)　1993 (平成5) 年2月6日

それまでの客車列車に替えて、全ての普通列車を電車で運転するようになった磐越西線では455系、457系に赤地に白い塗分けをデザインした専用塗装を施した。青空に秀峰が浮かぶ雪景色の磐梯山麓に、赤い電車は華やかな彩りを添えた。
◎磐越西線　磐梯町～更科（信）　2003（平成15）年2月2日

通勤通学で親しんだ国電色

秩父鉄道1000系

　昭和末期に入って、秩父鉄道は保有する電車の近代化を図るべく、旧国鉄から101系3両編成12本を購入した。導入期間となった1986（昭和61）年から1989（平成元）年にかけては、旧国鉄が分割民営化された時期に当たり、購入先は国鉄と国鉄清算事業団に跨った。

　入線するに当たり、集電装置等の内外装備品を同社の仕様に換装、改造した。車体は当時の標準色である、レモンイエローの地に茶色の帯を巻く塗装になった。車両形式は電動制御車のクモハ100をデハ1000。中間電動車のモハ101をデハ1100。制御車のクハ101をクハ1200と改番した。購入時にはいずれも非冷房車両だったが、後に先頭車だけ冷房装置を設置した。また、同社の営業地域と同じ埼玉県下で、2007（平成19）年に鉄道博物館が開館したことに因み、4編成が国鉄時代に活躍した路線色に塗り替えられた。首都圏の国電区間等で見られたスカイブルー（青22号）、オレンジバーミリオン（朱色1号）にカナリアイエロー（黄5号）。山手線で親しまれたウグイス色（黄緑6号）塗装の編成は、黄5号帯を加えた国鉄時代の関西本線仕様になった。

◎秩父鉄道
白久～三峰口
2012（平成24）年5月5日

◎秩父鉄道　樋口～野上
2012（平成24）年5月5日

2章
関東

現在も継承される、首都圏の通勤路線に浸透した多彩な専用色

直通運転で東京地下鉄千代田線を経由して、代々木上原駅に乗り入れる203系。
◎東京地下鉄千代田線　代々木上原～代々木公園　2008（平成20）年3月8日

東北本線

大都市近郊区間はもとより、急勾配区間が控える山岳路線にも対応する走行性能を備え、近郊型電車の標準系となった115系。1963（昭和38）年に第一陣が落成して、最初に投入された区間は東北本線の上野口。　宇都宮、日光方面へ向かう普通列車を受け持った。
◎東北本線　東大宮〜蓮田
2004（平成16）年1月1日

田植えが終わった水田に影を落とす211系。東北本線直流電化区間の、宇都宮以北では需要に合わせた短い編成で運転していた。上野口まで顔を出す車両と同様に、ステンレスの車体に東海道本線等と同様、湘南色を表現したミカン色と緑の帯を巻く。
◎東北本線　氏家〜蒲須坂
2004（平成16）年5月21日

平成期に台頭してきた夜行高速バスに対抗すべく、新宿〜新潟間に設定された快速「ムーンライト」。専用色に塗り替えられた165系が充当された。また、間合い運用として新宿〜黒磯間に快速「フェアーウェイ」を運転した。その名が指す通り、ゴルフに出掛ける顧客を見込んだ、好景気下らしい列車だった。◎東北本線　蒲須坂〜氏家　1995（平成7）年2月3日

日光線

国鉄の分割民営化から約１年後に登場した107系。３年間のうちに27編成54両が製造された。当初はクリーム10号の地に、日光の頭文字Ｎを模った緑14号の線を入れた車体塗装。後にアイボリー地に茶色、金色の帯をあしらった仕様に変更された。
◎日光線　今市〜日光　2009（平成21）年８月24日

実りの秋を迎えた日光街道を行く205系。京葉線等へのＥ233系投入で余剰となった０番台車を改造した車両だ。行先幕表示は歴史ある観光地の日光に合わせて、茶色の地に古風なフォントを用いた、個性的な風合いになった。車体には落ち着いた風合いの３色帯が入る。◎日光線　日光〜今市　2014（平成26）年９月16日

外房線

千葉県中部で内陸部を進む区間が多い外房線。東へ進むにつれて、沿線には田園や森影が流れるようになる。それでも国鉄近郊型電車の顔を持つ、クハ111を先頭にした列車は街の列車と映る。千葉から続いてきた複線区間は上総一ノ宮駅以遠で、単線区間が混じる線形になる。◎外房線　八積～上総一ノ宮　2004（平成16）年5月26日

荒波が打ち寄せる太平洋に面した御宿。国道沿いには、サーフィン用品を扱う店舗等が散見される。それに対して外房線は市街地のやや内陸部を通り、沿線は山間区間のような面持ちだ。草生した山野に単線の線路が延び、普通列車が気だるげに走って行った。◎外房線　御宿～浪花　2004（平成15）年5月26日

安房鴨川駅は内房線と外房線が出会う両路線の終着駅。市街地の南東部は砂浜の長大な海岸が続き、付近にはシャチなどの
ショーが人気の総合海洋レジャー施設の鴨川シーワールドがある。外房線は海岸部を大きく回り込んで小湊などの、入り江
に開けた隣町に向かって東進する。◎外房線　安房鴨川～安房天津　2004（平成16）年5月29日

内房線

内房線が房総半島の東側へ回り込んだ辺りで、列車は短い区間ながらも海沿いを走る。緩やかな曲線の描く橋梁が海岸を海側へせり出すように架かる。鉄道が通る小さな入り江の外側を国道が跨ぎ、時折姿を見せる列車と自動車が並走する情景が展開する。
◎内房線　太海～江見　2004（平成16）年5月29日

早朝に東京駅の地下ホームを発車した特急「さざなみ」1号は、君津～館山間を普通列車として運転していた。183系はモノクラス車ばかりの8両編成。登場以来の国鉄特急電車色をまとう。普通列車の区間では、白地に「普通」と記載したヘッドサインを掲出していた。◎内房線　浜金谷～保田　2004（平成15）年5月25日

暖流の黒潮が流れる、太平洋側に突き出した地形の房総半島。温暖な気候の地域に春の訪れは早く、1月の声を聞けば沿線の耕作された菜の花畑では、花が一斉に咲く年もある。日当たりの良い里山に出現した黄色い絨毯の上を、普通列車が駆け抜けて行った。◎内房線　千倉〜九重　2006（平成18）年3月5日

総武本線

千葉県下の路線へ入線する特急列車の中には、特急運用の間合い使用として、路線の末端区間等で快速、普通列車として運転するものがあった。183系は2005（平成17）年12月に特急運用から退いたが、その後もホームライナー等に2009（平成21）年まで使用された。◎総武本線　四街道〜物井　2006（平成18）年1月5日

新性能近郊型電車の先駆けであった113系の全盛期。スカ色塗装は千葉県下を走る電車の標準色であった。千葉行き普通列車は4両の短編成。それまでの旧型国電とは一線を画す近代的な設えの車体ながら、前面に武骨なかたちのアンチクライマーを備えている。総武本線　佐倉〜物井　2010（平成22）年1月13日

東京から千葉県北部を横断し銚子に至る総武本線。千葉から東へ進むにつれて沿線には田園地帯が広がり、ほのぼのとした風景が展開する。猿田駅の近くでは、駅と同名の神社へ続く参道が線路を跨ぐ。欄干を支える壁面の一部は、鉄道の建設時を偲ばせるレンガ積みになっていた。◎総武本線　猿田〜倉橋　2009（平成21）年8月26日

成田線

成田線の本線区間は、総武本線と共に千葉県内で113系が最後まで定期運用された路線だ。旧国鉄時代の末期に、房総地区で運転される113系は幕張電車区（現・幕張車両センター）に集約された。同時期に編成が短縮され、各地から制御車が集められた。◎成田線　成田～酒々井　2004（平成16）年5月29日

鹿島線

昭和40年代半ばに開業した鹿島線。高規格で建設された鉄路は高架区間が多い。日本の湖で琵琶湖に次ぐ面積を誇る霞ヶ浦の一部である北浦を渡る区間には長大な橋梁が架かる。113系の普通列車は佐原駅ホームの有効長から、通常4両編成のみが入線していた。
◎鹿島線　延方～鹿島神宮　2009（平成21）年8月26日

成田線の我孫子支線と呼ばれる我孫子〜成田間は、1973（昭和48）年に電化され、上野〜我孫子〜成田間の直通運転が始まった。乗り入れる車両には、松戸電車区（現・松戸車両センター）所属の103系が投入された。車体塗装は同区が担当する常磐線の電車と同じ、エメラルドグリーンの一色塗りだった。◎成田線　小林〜木下　1991（平成3）年1月28日

サロ110-1228

普通車に比べて、横幅の狭い客室窓が並ぶグリーン車のサロ110。長大編成の中にあっては、窓越しに見える座席の背もたれに掛けられた白いカバーが、その個性的な外観と共に一層、特別な車両であると想わせる。1200番台車は、113系として新製されたグループだ。◎東海道本線　東京2004（平成16）年10月10日

東海道本線

湘南色を思わせるミカン色の路線表示板が、自由通路に続く階段上に架かる東京駅の東海道本線ホーム。平日には朝早くから、丸の内のオフィス街へ向かう通勤客で溢れる。東京上野ラインの開業前は、当駅を始発終点とする電車で賑わい、時刻表には入線時刻が記載されていた。
◎東海道本線　東京2002（平成14）年3月27日

東京〜品川間で東海道本線は、東海道新幹線、山手線、京浜東北線と並行する。線路上には各路線の主力車両が顔を見せ、いつの時代も華やかな街の鉄道情景を飽かずに眺めることができる。眼下の浜松町駅手前で減速し始めた山手線の電車を、東海道本線を行く211系が追い抜こうとしている。◎東海道本線　新橋〜品川　2003（平成15）年9月27日

山の斜面一面にミカン畑がつくられている石橋地区では、緩やかな曲線を描く橋梁が、家屋の密集する谷間を跨ぐ。橋の長さに勝る長大編成の上り列車が行く。国鉄の分割民営化が実施された頃、東京口で見られた113系の運用範囲は、およそ250km離れた浜松まで及んでいた。◎東海道本線　根府川〜早川　1987（昭和62）年8月4日

東京方で、線路の両側に斜面が迫る切通し区間となっている米神地区。日脚が長い季節には、早朝から線路の周辺に陽光が差し込む。113系が近郊型電車の主流であった時代。夜を徹して走り続けて来た寝台特急に交じって、東京行きの通勤電車が光の中に姿を見せた。
◎東海道本線　根府川〜早川
2004（平成16）年５月30日

急行列車華やかりし時代に東海道、山陽筋で活躍した153系の流れをくむ姿の165系。急行「東海」として、白昼の大動脈を静岡まで運転した。定期仕業の他、主に田町電車区（現・田町車両センター）配置の波動用車が臨時列車や団体列車として運転された。
◎東海道本線　真鶴〜根府川
1987（昭和62）年８月９日

山手線

高度経済成長が促進された昭和30年代より、ウグイス色の電車が次々にやって来る路線として、都民に親しまれてきた山手線。路線色に塗られた103系は、国鉄時代の長きに亘って使用された。試作車が登場した翌年の1964（昭和39）年より投入され、先代の101系を順次置き換えた。◎山手線　東京　1985（昭和60）年1月15日

渋谷、新宿、池袋と若者の街、歓楽街を結んでいる様に映る山手線。しかし、一部の区間は住宅地の近くを通り、生活感溢れる車窓風景に出くわすこともある。登場時は無味乾燥な印象があった205系だが、登場から歳月を経て、沿線に馴染む雰囲気をまとっていた。◎山手線　巣鴨〜駒込2001（平成13）年 3 月28日

昭和末期に次世代の通勤型電車として登場した205系。先に新製された201系よりも製造費の軽減を見込んだ、量産に適した車両である。車体はオールステンレス構造になり、大幅な軽量化と塗装工程の簡略化が図られた。103系に替えて山手線へ投入した。◎山手線　上野〜御徒町　2005（平成17）年 1 月20日

山手線の電車は11両編成。それに対して東海道本線を行く211系は15両編成だ。205系の列車後部に、東海道本線の列車が長く延び、迫力ある場面が展開した。外側を回り込んで行くステンレス車に緑の帯を巻く電車が、取り込まれていくかのように映った。◎山手線　浜松町～田町　2003（平成15）年9月26日

神宮の杜越しにそびえる新宿の高層ビル群を背景にして、山手貨物線を行く205系。埼玉県下の川越から都心部へ直通する列車だ。貨物の減少で閑散としていた貨物線は、埼京線の開業で大崎等まで乗り入れる旅客列車が誕生し、活況を取り戻した。
◎山手線　新宿～渋谷　2006（平成18）年9月4日

アメリカ　ニューヨークの超高層ビルを彷彿とさせるNTTドコモ代々木ビルを背景にして山手線を行く205系。後方には中央本線を行く201系が見える。
◎山手線　代々木～原宿　2003（平成15）年3月13日

京浜東北線

上野駅近くから鉄道高架線に沿って御徒町方へ延びる
商店街のアメヤ横丁。「アメ横」の愛称で親しまれた
通りには、年末を迎えると正月用品等の買い物客で賑
わう。通りのすぐ上方を走るのは、京浜東北線の北行
電車。平成中期には使用車両が209系に統一された。
◎京浜東北線　御徒町〜上野
2008（平成20）年12月13日

国鉄の民営化後に登場した新系列の通勤型電車とし
て、京浜東北線、根岸線に投入された209系0番台車。
混雑が激しい路線へ対応すべく製造された、6扉車
のサハ208を組み込んだ編成であることを示すステッ
カーが、制御車の正面右側に貼られている。
◎京浜東北線　大井町〜大森
2008（平成20）年7月24日

72系等の旧型国電で運用していた京浜東北線で車両の新性能化を図るべく、103系の投入が山手線に続き1965（昭和40）年から始まった。昭和40年代から50年代にかけて、101系との併用期間があったものの、国鉄末期には同路線の運用を席巻した。
◎京浜東北線　東京　1986（昭和61）年1月15日

横浜線の起点は東神奈川駅。しかし、一部の列車は京浜東北線と共有する東海道本線の電車線を経由して横浜駅へ乗り入れる。さらに根岸線まで運転している。夏服姿が目立ち始めた梅雨明け間近の根岸線ホームに、八王子行きの表示をつけた205系が停車していた。◎京浜東北線　横浜　2014（平成26）年7月23日

京葉線

中央・総武緩行線で使用されていた201系は2000（平成12）年に京葉電車区（現・京葉車両センター）へ転属。京葉線に投入されて、それまでの主力であった103系を置き換えた。車体の塗装は中央本線時代のカナリヤ色（黄5号）から、スカイブルー（青22号）に変更された。◎京葉線　葛西臨海公園〜舞浜　2008（平成21）年1月16日

埼京線

線路の向こうにさいたま新都心の街並みが望まれる。埼京線は都内と埼玉県下の大宮を結ぶ複数路線の通称だ。高架線が続く赤羽～武蔵浦和～大宮間は、東北本線に属する。205系は国鉄の民営化からほどなくして投入され、平成期には当路線の主力となった。
◎埼京線　中浦和
2010（平成22）年1月14日

都内では少し高い場所に上がると、西に富士山を望むことができる場所はいくつもある。仕事の帰り道に夕焼けが広がる方へ眼をやると、ビルの向こうに優美な稜線が広がっていた。その姿を遮るかのように、満員の大宮行き電車が視界を横切った。
◎埼京線　武蔵浦和
2020（平成22）年1月14日

夕刻の斜光が205系の運転台周りを照らし出し、雄々しい表情を縁取っていた。普段は気に留めることもないワイパーが、窓に映し出された像と相まって、昆虫を彷彿とさせるシルエットをかたちづくる。列車はすぐ、夕陽に向かって発車していった。
◎埼京線　武蔵浦和
2010（平成22）年1月14日

赤羽線

旧国鉄の分割民営化後に、103系から代替わりして埼京線の主力となった205系。赤羽線内はすでに埼京線の呼称が一般的になっていた。当路線に投入された205系は、先代の103系が山手線等と同じウグイス色塗装であったのに対し、ステンレスの車体に緑15号の帯を巻いていた。
◎赤羽線　十条〜板橋
2003（平成15）年1月4日

駅近くにある踏切では、数分おきに遮断機が昇降する。ホームに電車が停車する僅かな時間は、踏切が開く貴重なひと時だ。ホームから眺めると、列車の最後尾が踏切の近くまでせり出している様に見える。列車が発車してから程なく、再び警報機が鳴り始めた。
◎赤羽線　十条　2003（平成15年）1月4日

武蔵野線

首都圏の外環部に建設された**武蔵野線**。自然公園がある川口市の郊外では、芝川の周辺に緑地帯が残り、車窓はひと時、緑豊かな情景に包まれる。青空の下を軽快に走り抜ける205系は、前面窓周りをFRP製のカバーで被った通称「メルヘン顔車」を先頭にした編成だった。◎武蔵野線　東浦和～東川口　2005（平成18）年4月2日

中央本線

電機子チョッパ制御方式を採用し、電力回生ブレーキを備えた次世代の「省エネ電車」として1979（昭和54）年に登場した201系。翌々年から量産され、中央本線に投入された。制御車の前面に設置された大型の行燈式列車種別表示器に、傾斜体で表記された「特快（特別快速）」等の文字が躍った。
◎中央本線　四ツ谷〜信濃町
2004（平成16）年1月22日

平成時代に入ると、受動喫煙の危険性がマスコミ等で大きく取り上げられ、喫煙者は駅でホームの端等に灰皿が置かれた、喫煙所のみで煙草を燻らせるようになった。快速電車が通過すると、にわかに出来たオレンジ色の壁に、勢いよく吐き出された紫煙が浮かび上がった。◎中央本線　高円寺　2004（平成16）年1月22日

甲州路の4月半ばは花の季節。なだらかな丘にたくさんのモモの木が植えられた新府界隈では、薄桃色の花が一斉に開花する。遠くに冠雪の八ヶ岳をいただく様子は正に桃源郷。電化され普通列車の電車化が推進されて以来、長らく115系の散歩道だった。◎中央本線　穴山〜新府　2003（平成15）年4月18日

山梨県側から望む富士山は、山腹に大沢崩れのような噴火跡が無いためか、整った稜線がより秀麗に見える。富士見辺りまで車窓から秀峰を楽しむことができる中央本線の115系は富岳にも似た塗分けだった。分割民営化後に登場し、長野色と呼ばれた塗装としては二代目の意匠だ。
◎中央本線　日野春〜長坂　2007（平成19）年2月15日

みどり湖経由の新線が開業し、閑散区間となった辰野経由の岡谷〜塩尻間。小規模な輸送量に合わせて、単行で運用できる電車が製造された。クモハ123形-1は1986（昭和61）年に旧国鉄長野工場で落成。国鉄が郵便荷物輸送から撤退し、余剰となった荷物電車クモニ143形の改造車だった。
◎中央本線　塩尻〜小野　2004（平成16）年11月10日

115系が中央本線に初めて投入されたのは、特急「あずさ」が181系で運転を始めたのと同じ1966（昭和41）年12月12日のダイヤ改正時。三鷹電車区（現・三鷹車両センター）に0番台車66両が新製配置された。スカ色は登場時以来、国鉄時代を通しての塗装だった。◎中央本線　すずらんの里～富士見　2001（平成13）年9月26日

青梅線

201系は青梅、五日市線に中央本線からの直通列車として入線した。また路線内を往復する普通列車にも充当された。2000（平成12）年から総武、中央緩行線へE231系が投入され、余剰となった201系を両路線へ転用。車体色はカナリアイエロー（黄5号）からオレンジバーミリオン（朱色1号）に塗り替えられた。
◎青梅線　軍畑～二俣尾　2006（平成18）年5月5日

南武線

山手線から南武線に転用された205系0番台車。短編成化に伴い、不足する制御車を補充するために中間車を改造したクハ204、205　1200番台車が登場した。0番台の制御車は、車体塗色は変更されたものの、幕の行先表示器等、国鉄形車両の面影を色濃く残していた。◎南武線　谷保～分倍河原　2008（平成20）年7月24日

鶴見線

武蔵白石駅の大川支線ホームは急曲線上にあり、20m車と干渉してしまうために、本線の車両が新性能化された後も使用し続けられたクモハ12形。ホームが撤去された後も、支線に白昼、単行で運転されていた。海芝浦支線の起点、浅野駅にブドウ色の電車が到着。
◎鶴見線　浅野　1994（平成6）年2月18日

鶴見線には中原電車区（現・鎌倉車両センター中原支所）所属の103系が国鉄の分割民営化から間もなくして投入され、1992（平成4）年までに従来から使用されていた101系を置き換えた。車体と色は、中央・総武緩行線の同系車と同じカナリアイエロー（黄5号）だった。
◎鶴見線　国道　1994（平成6）年2月18日

首都圏で旧型国電が最後まで運転された鶴見線。外観と同様にクモハ12形の運転台周辺には、薄緑色に塗られた壁面や、真鍮製の機器等、古典的な眺めが目立った。軍手を差した運転士の手が運転機器に添えられた様子は、地方鉄道の小さな電車を彷彿とさせた。
◎鶴見線　鶴見～国道
1994（平成6）年2月18日

平成初期まで現役車両として生き延びたクモハ12形。鶴見線の支線区間が主な活躍の場だったが、支線へ乗り入れる連続運用で本線を走行する姿も日常的に見ることができた。単行で上部トラス橋梁が架かる東海道本線の上を渡る。工場地帯の臨港線と見紛う光景だ。◎鶴見線　鶴見〜国道　1994（平成6）年2月18日

付近を流れる京浜運河へせり出すかのようにホームが設置されている鶴見線海芝浦支線の終点駅。東芝エネルギーシステムズ京浜事業所が構内に隣接し、改札口は事業所への出入り口になっている。ホームから続く海芝公園は同社が整備した施設で、一般に開放されている。◎鶴見線　海芝浦　2009（平成21）年9月10日

横浜線

投入当初は7両編成であった横浜線用の205系。東神奈川方での混雑緩和策として、1994（平成6）年末より6扉車のサハ204を1両を組み込み、順次8両編成化が図られた。平成中期に入ると、車両正面、側面に設置された行先表示器はLED表示のものに更新された。◎横浜線　八王子みなみ野～相原　2008（平成20）年12月12日

根岸線

東海道本線に沿って貨物の発着線、電留線が並び、複数の本線が併設されているように見える本郷台〜大船間。最も北側に敷かれた上り本線を京浜東北線用の209系が走る。未だ残暑が厳しいくぐもった青空の中に、富士山がおぼろげな輪郭を浮かべていた。◎根岸線　本郷台〜大船　2009（平成21）年9月7日

相模線

首都圏近郊の非電化路線であった相模線は、民営化後の1991（平成3）年3月16日に全線が電化開業した。電化に伴い、個性的な正面周りの205系500番台車が投入された。◎相模線　入谷〜海老名　2021（令和3）年12月16日

八高線

武蔵野の雰囲気が漂う、雑木林の中を行く205系は3000番台車。山手線で活躍していた車両を改造、短編成化した番台区分である。八高線は八王子〜高麗川間が1996（平成8）年に電化開業。当初は103系がキハ30等の気動車に代わって充当された。
◎八高線　金子〜箱根ヶ崎　2009（平成21）年3月27日

住宅街や学校等が集まる飯能市内の入間川周辺だが、八高線が川を渡る辺りは長閑な雰囲気に包まれている。寒風吹きすさぶ川面に205系が影を落とす。電化されているとはいえ、長閑な風情に包まれた路線を行く電車は、半自動ドアの地方路線仕様だ。◎八高線　東飯能〜金子　2010（平成22）年1月16日

川越線

夜が明けて間もない空の彼方に、真っ白な富士山が浮かんでいた寒い朝。河原に高らかなジョイント音が響いて、4両編成の普通列車が入間川を渡って行った。205系3000番台の集電装置は、2000年代に入って、全車がシングルアームタイプになった。◎川越線　的場～西川越　2010（平成22）年1月16日

伊東線

伊東線で運用されていたJR東日本所属の113系は、平成10年代に入って定期仕業から撤退した。しかし、同路線に乗り入れていた伊豆急行は113系、115系を2000（平成12）年から同社仕様に改造した上で投入。JR線へ乗り入れる列車にも使用した。
◎伊東線　伊豆多賀～来宮　2007（平成19）年12月15日

上越線

利根川が生み出した河岸段丘には桑等の畑が広がり、人々のささやかな暮らしを赤城山が見守る上州路の北部。上越国境を越えて新潟県まで延びる鉄道は、本州北中部を縦断する重要路線だ。旧国鉄の分割民営化後、普通列車は短編成化が図られた。
◎上越線　津久田〜岩本　1987（昭和62）年11月23日

谷間に描かれたＳ字曲線上を、115系が軽快なジョイント音を伴って走る。背景には群馬と新潟の県境に跨る谷川連峰がそびえる。上越線における普通列車の運用は、国鉄の分割民営化後に水上を境として南北に分断された。高崎方、長岡方の両方向に115系が使用された。◎上越線　上牧〜後閑　1988（昭和63）年3月26日

上越国境を行く115系。谷川岳の西麓から流れ出す魚野
―川へ注ぐ毛渡沢には、高い橋脚が支える橋梁が架かる。
◎上越線　越後中里～土樽　1994（平成6）年8月11日

ヒマワリが揺れる上越国境の夏。濃い緑に彩られた田園の中を、165系が走って行った。今春に夜行列車「ムーンライトえち
ご」から退いた編成だ。車休塗装は白地に灰色と緑、黄色の帯を巻いた専用色のままだった。3両編成は急行形電車の終焉
を感じさせる姿である。◎上越線　石打～大沢　2003（平成15）年8月23日

両毛線

ローカル転用された165系の置き換えのため製造された107系。JRの発足から間もない1988（昭和63）年に登場し、JR東日本初の開発製造した電車だった。電動制御車と制御車の二両編成を一ユニットとする。車体は新製だが、足回り機器や冷房装置等には、165系の廃車発生品を流用し、製造費の削減を図った。◎両毛線　思川～小山　1990（平成2）年10月28日

吾妻線

吾妻川の渓谷に沿って東西に延びる吾妻線。岩島～長野原草津口間は、八ッ場ダム（八ッ場ダム）の建設に伴い、2014（平成26）年10月1日をもって新線に切り替えられた。普通列車を受け持っていた湘南色塗装の115系は、緑の木々を縫って走る旧線区間によく馴染んでいた。◎吾妻線　川原湯温泉～長野原草津口　2014（平成26）年8月12日

祖母島付近で線路は、岸辺に大きな石が堆積した川を渡る。群馬と長野の県境付近にある鳥居峠を源とし、建設が社会問題となった八ッ場ダムを経て、利根川に注ぐ吾妻川。吾妻線は渋川より川の流れに沿って西へ延伸され、1971（昭和46）年に大前までの区間が全通した。
◎吾妻線　祖母島〜小野上
2003（平成15）年8月24日

古い建物を模した白壁の小さな駅舎が建つ郷原駅。駅前から素通しになった改札口の向こうを普通列車の影が過った。昭和50年代に70系等の旧型国電に替えて、吾妻線に投入された115系。国鉄の分割民営化後も、165系等と共に湘南色塗装の姿で活躍した。◎吾妻線　郷原　2003（平成15）年8月24日

横川〜軽井沢間の碓氷峠越えは、途中に66.7‰の急勾配が控える国鉄路線随一の難所だった。横川駅では峠を行き交う全ての列車に専用補機であったEF63を連結、解放した。いずれの作業にも重連で充当された。それは僅か三両編成の普通列車に対しても例外ではなかった。◎信越本線　横川　1988（昭和63）年10月28日

信越本線

木々の間を縫ってEF63がけん引する普通列車が現れた。碓氷峠に建設された信越本線は、軽井沢駅周辺のごく僅かな区間を除き、横川に向かって急な下り坂が続く、片勾配の線形だった。横川方に連結される補機は上り列車では過度な加速を抑制する役割を担っていた。
◎信越本線　熊ノ平（信）〜横川
1996（平成8）年10月25日

麓より一足早く紅葉が見頃を迎えた山中を、EF63が重
連で普通列車を軽井沢へ押し上げており、電車編成の
最後尾には、郵便荷物電車が連結されていた。1986（昭
和61）年に国鉄が郵便、荷物輸送事業から撤退するまで
は、各地で日常的に見ることができた電車である。
◎信越本線　横川〜熊ノ平（信）
1985（昭和60）年10月 9 日

長野へ向かう急行「赤倉」。スキー客等で賑わう連休中は6両編成で運転される。今日は湘南色とJR東日本発足後に登場した「ムーンライト色」塗装車両の組み合わせだ。雪原の中に延びる線路の向こうに、すり鉢を逆さまに伏したような形状をした黒姫山（2,053m）がそびえていた。◎信越本線　黒姫〜古間　1995（平成7）年2月12日

長野盆地は果物の栽培が盛んな地域。北信地方では道路沿いの果樹園が目を引く。信越本線（現・しなの鉄道北しなの線）でも線路に沿ってリンゴの木が植えられ、秋には赤い果実が車窓を飾る。青空と同様にすがすがしさを感じさせる長野色の115系が、木々の影からさっそうと現れた。◎信越本線　豊野〜三才　1998（平成10）年10月10日

信越本線（長野方は現・えちごトキめき鉄道妙高はねうまライン）と北陸本線（現・えちごトキめき鉄道日本海ひすいライン）が出会う北陸の要所直江津駅で、似た顔立ちの急行型電車と近郊型電車が並んだ。クハ455の正面上部にある列車種別表示器の窓は埋められていた。◎信越本線　直江津　1992（平成4）年6月18日

急行が優等列車の一角を占めていた時代。信越本線の長野〜新潟間には、多彩な列車が運転されてきた。名古屋〜新潟間を結ぶ気動車列車として登場した急行「赤倉」は、1982（昭和57）年11月15日のダイヤ改正時に使用車両を165系に変更。民営化後に特急「みのり」へ吸収統合されるまで、日本海沿いの路線を湘南色の急行が走った。◎信越本線　青海川〜鯨波　1997（平成9）年3月9日

直江津から柏崎にかけて、信越本線は日本海の沿岸部を通る。米山駅や青海川駅のホームからは、遠くに水平線が弧を描く海を望むことができる。国鉄時代の末期から普通列車の主力は115系になった。背景にそびえる冠雪した山々が、遅い春の訪れを告げていた。◎信越本線　米山～笠島　2004（平成6）年6月4日

弥彦線

弥彦神社の祭神、天香山命（あめのかぐやまのみこと）を祀る山として信仰を集める弥彦山（634m）。弥彦線の終点弥彦駅は霊峰の東麓に位置する。構内の外れには桜の古木が立ち、春になると咲き誇った花々が、明るい路線色塗装の115系を出迎えていた。◎弥彦線　弥彦　2005（平成17）年4月22日

越後線

越後地方は豊かな水に育まれた米どころ。実り田が視界一杯に広がる田園地帯を、3両編成の115系が横切って行った。車体の塗装は白地に黄色と緑色の帯をあしらった、弥彦線用の二次塗装。背景にそびえる双耳峰は弥彦山(634m)と多宝山(634m)である。◎越後線　粟生津～分水　2019(令和元)年10月10日

郷愁を感じさせる塗装の115系を先頭にした6両編成の列車がやって来た。前3両がまとうのは「なつかしの新潟色」。新潟地区を走った旧型電車等に用いられた塗分けだ。後ろの3両には、弥彦線のワンマン車に用いられた最初の専用色が施されていた。◎越後線　桐原～寺泊　2019(令和元)年10月10日

雪化粧をした伊吹山（1,377m）の麓を、寝台特急形電車から改造された419系が行く。制御車を種車にした、クハ419形の正面周りが原形を留めていたのに対して、側面の雰囲気は客室出入口の増設等により大きく変わった。種車と同じ、交直両用の仕様だ。◎北陸本線　虎姫～長浜　1999（平成11）年2月24日

国鉄の分割民営化後は、もっぱら普通列車の運用に就いていた北陸筋の交直流急行形電車。それらのうち、2編成6両が2006年9月23日の「リバイバルくずりゅう」運転を前に本来の塗装に塗り直された。その後も同じ出で立ちで定期運用に就いた。◎北陸本線　福岡～石動　2012（平成24）年6月24日

1985（昭和60）年３月のダイヤ改正時に北陸本線沿線の都市部において、普通列車の増便が実施された。それに伴い主力であった旧型客車は一掃され、路線内の電車化が進んだ。かつて急行運用に従事した電車が、「TOWNトレイン」と記されたヘッドマークを掲出して走った。◎北陸本線　牛ノ谷〜細呂木　2005（平成17）年５月13日

急行運用を失った後も、北陸新幹線の金沢開業で北陸本線がJRと第三セクター路線に分断されるまで、普通列車の運用で活躍した交直両用の急行型電車。大型の前照灯を備えた初期の制御車は、153系等の国鉄型車両を彷彿とさせる顔で愛好家を魅了した。
◎北陸本線　倶利伽羅
2015（平成27）年１月26日

チューリップに冠雪の立山連峰。沿線の景色が春を奏でる、北陸本線を普通列車が横切った。車両はかつて急行仕業に就いた交直流形電車。登場時よりも短縮された編成と、オイスターホワイトの地にコバルトブルーの帯を巻く車体塗装は、時代の変化に対応して生き長らえた国鉄型電車の姿だ。◎北陸本線　東滑川～魚津　1997（平成9）年4月21日

魚津、入善等の沿線では、球根採取を目的としたチューリップの栽培が盛んである。例年4月中旬を迎えると、車窓に色とりどりの華やかな花の絨毯が現れる。2000年代に入って、かつての交流急行型電車色に復刻塗装された普通列車が、春色の中を気持ち良さそうに駆け抜けた。◎北陸本線　入善～西入善　2008（平成20）年4月22日

街道時代に関所が置かれた市振付近で、北陸本線の列車は北側の車窓に日本海を見て進む。登場時は北陸本線の全区間に投入された419系だったが、座席やデッキ付きの扉に取り回しの難しさがあり、末期は富山以東、福井以西の閑散区間で使用されることが多かった。◎北陸本線　越中宮崎～市振　2010（平成22）年4月26日

湖西線

紫紺の水面を湛える琵琶湖に輪郭を浮かび上がらせて快走する113系。湖西線の開業以来、主に普通列車の運用を担ってきた。同路線の開業に際し、近畿地区では寒冷な北部の沿線事情を考慮して、半自動ドア等の対策を施した700番台車が用意された。◎湖西線　蓬莱～志賀2002（平成14）年9月18日

稲穂が登熟期を迎えた晩夏の湖西線を行く117系。「新快速」として東海道に投入されて以来の6両編成は、中間車を全て電動車とした強力な仕様だ。湖西線には新製直後から入線を果たしている。設計時より当路線での運用を想定し、寒冷地対策が施された。◎湖西線　近江高島～北小松2004（平成16）年8月29日

1985（昭和60）年のダイヤ改正で72系が引退した当時、北陸本線で運転している車両と同じ交直流形の急行形電車、近郊型電車が入線したが、路線内の電化方式は直流のままだった。北陸本線の交流電化区間であった富山駅構内には、富山地方鉄道本線との近接部と共に、無通電区間が二か所あった。◎富山港線　富山2004（平成16）年12月31日

富山港線

富山駅と富山市近郊の湾口部に当たる、岩瀬浜を結ぶ国鉄富山港線（現・富山地方鉄道富山港線）。1967（昭和42）年に架線電圧を、それまでの直流600Vから1500Vに昇圧した。昇圧に伴い、4扉仕様の旧型国電72系が入線し、昭和末期まで活躍した。◎富山港線　岩瀬浜1983（昭和58）年5月4日

平成末期に入り、新たな七尾線専用色として輪島塗りを思わせる、茜色に単一色塗装に変更された415系。緑によく映える色合いだ。二つのユニットを繋げると、6両編成となり、堂々とした雰囲気を醸し出す。金沢と和倉温泉を結ぶ、朝夕の通勤通学列車として運用された。◎七尾線　良川〜能登二宮　2020（令和2）年6月8日

七尾線

北陸本線（現・IRいしかわ鉄道）津幡から能登半島へ続く七尾線。津幡〜和倉温泉間は1991（平成3）年に直流電化された。電化に際し113系を交直両用電車に改造した415系800番台車を投入。当初は制御車が青と灰色。中間車がピンクと灰色の塗り分けにそれぞれ白帯を巻く塗装だった。◎七尾線　良川〜能登二宮　2002（平成14）年5月15日

経費節減の一環として施工された単色塗装は、JRの
経営に対する姿勢を表しているかのように映った。
413系がまとう青色は北陸本線で運転される列車の
新標準色。七尾線には予備車が少ない415系の代走
として入線する機会が珍しくなかった。
◎七尾線　徳田〜七尾
2015（平成27）年6月1日

津幡から能登半島へ延びる七尾線は直流電化路線だ。田
畑が広がり、所々に雑木林が茂る、のどかな沿線風景を
楽しむかのように、交直流両用の415系が金沢〜和倉温
泉間を行き来する。
◎七尾線　徳田〜七尾　2015（平成27）年11月16日

風が秋晴れの浅間山麓を2両編成の湘南色車が横切った。
◎しなの鉄道　しなの鉄道線　信濃追分～御代田　2019（令和元）年10月9日

山男115系の塗装彩々
しなの鉄道115系

　第三セクター鉄道のしなの鉄道は、北陸新幹線の長野開業でJR東日本の管轄を離れることになった旧信越本線　軽井沢～篠ノ井間を継承する際、同路線で運用されていた115系と169系を譲り受けた。169系は3両編成3本が入線したが、2013（平成25）年までに全て廃車された。

　115系は、しなの鉄道開業時にJR東日本から三両編成11本を導入。後に169系の置き替え用として2両編成7本。2015（平成27）年の北しなの線開業時に3両編成5本を追加購入した。115系の多くは赤と灰色の塗分けに細い白線を巻いた、しなの鉄道独自の塗装だった。しかし2017（平成29）年に展開させた「長野ディスとネーションキャンペーン」に因み、かつて県下の国鉄線、JR路線の車両に見られた塗装に塗り直した復刻塗装車が登場した。国鉄時代から広く親しまれた湘南色、スカ色は元より、JR歴代の長野色や真っ赤な塗装で注目を浴びたコカ・コーラ電車等、時代を超えたいで立ちの115系が入り混じって、本線を走行した。

4章
東海
80系で登場した湘南色が、東海道の彩りとして定着

松の木越しに富士山がそびえる眺めは、街道時代の東海道を彷彿とさせる。清松の間に顔を出した湘南色の電車は113系。昭和50年代の前半に静岡地区へ投入され、国鉄が分割民営化された後も平成時代の中期まで、普通列車の主力として使用された。
◎東海道本線　吉原〜東田子の浦　1998（平成10）年3月14日

東海道本線

大井川の流域に栄えた金谷、島田の街並み。東海道本線は牧ノ原台地の山麓につくられた茶畑の中を進む。暖かな春の陽が木々を照らす季節になったが、東の山向こうには未だ冠雪した富士山が顔を覗かせていた。眼下で211系同士が離合した。
◎東海道本線　島田〜金谷　2010（平成22）年3月30日

国鉄末期に各地で主要都市間の列車を増発し、利便性を向上する施策が取られた。静岡県下の東海道本線では、「するがシャトル」を中心とした都市型ダイヤが組まれた。運転の高頻度化に伴い編成は短縮化され、同じ113系でもグリーン車を連結する東京口の列車と異なる形態になった。
◎東海道本線　弁天島～新居町　1987（昭和62）年4月2日

名古屋市内の鉄道の要所となる金山界隈で、東海道本線は名古屋鉄道名古屋本線と並走する。豊橋〜名古屋間は、国鉄時代から名鉄との競合区間であり、頻繁に列車が行き交う中で快速等の速達列車と名鉄特急が、しのぎを削る様子を見ることができた。◎東海道本線　尾頭橋〜金山　1996（平成8）年9月23日

御殿場線

御殿場線は明治期に東海道本線として開業した、いにしえの主要幹線。現在の沿線は、主要都市を結ぶ東海道本線よりも、のどかな田園風景が広がる区間が多い。113系は静岡運転所（現・静岡車両区）に配置されて以来、東海道本線と共に当路線の普通列車を担当した。◎御殿場線　岩波～裾野　2002（平成14）年4月4日

御殿場市の郊外からは富嶽の威容を大きく捉えることができる。秀峰を背景に列車が迫って来る様子は、本来の東海道以上に今様な鉄道街道を感じさせる眺めだ。御殿場線は、天下の剣と呼ばれた箱根越えの北側に続く谷筋に沿って建設された。
◎御殿場線　御殿場〜足柄　2004（平成16）年4月4日

身延線

輸送量が小規模な電化区間に対応する電車として、国鉄時代の末期に登場した123系。身延線には飯田線で使用されていた郵便荷物合造電車クモユニ147形を改造した、40番台車として投入した。富士口、甲府口の区間列車に使用された。
◎身延線　西富士宮〜沼久保　1996（平成8）年3月1日

旧型国電を置き替える目的で、身延線に115系が1981（昭和56）年に新製投入された。富士身延鉄道が建設した区間には、一般車両が通過できない狭小トンネルがあるため、集電装置が設置された屋根部を切り下げた、モハ114形2600番台車を製造した。車体色は甲州ワインを想わせるワインレッド（赤2号）に白帯（クリーム10号）を巻く仕様。
◎身延線　甲斐大島〜内船　1986（昭和61）年11月23日

飯田線

近代化された飯田線において、旧型国電を催事等で走らせる計画が持ち上がった。元は戦前に製造された30系電車で、事業用車両として残っていたクモヤ22形1両が選ばれ、旅客車仕様に再改造した上で、クモハ12041として豊橋電車区(現・豊橋運輸区)に配置した。
◎飯田線　三河川合〜柿平
1987(昭和62)年7月26日

多彩な形式が集う旧型国電の宝庫であった飯田線。スカ色塗装の旧性能車両が、全線に亘って使用されていた。普通列車の先頭に立つクモニ83形は湘南顔の両運転台車。飯田線への転属に伴い、郵便荷物合造車クモユニ81形から、郵便室部分等を改造された車両だ。◎飯田線　伊那福岡〜田切　1981(昭和56)年10月11日

全長200kmを超える長大地方路線の飯田線で運転する長距離列車に対応すべく、クロスシート車で水回り施設を備える165系が、80系に替えて投入された。水窪川に架かる大きなS字曲線を描く橋梁は、川を跨いで元の岸に戻る構造のため、「渡らずの橋」と呼ばれている。◎飯田線　向市場～城西　1987（昭和62）年3月8日

飯田線で運用されてきた旧型国電を置き換えるべく、輸送規模が小さい中北部の列車に対応した119系が投入された。電動車1両で運転できる1モーター方式を採用。登場時の車体塗装は、沿線を流れる天竜川を思わせる水色（青20号）の地に、灰色9号の塩ビ製シートを巻いた仕様だった。◎飯田線　田切～伊那福岡　1987（昭和62）年4月28日

国鉄の分割民営化後、119系の塗装はJR東海の一般車両色であった、クリーム10号を地色に湘南色として親しまれたオレンジ色と緑の帯を巻く仕様に塗り替えられた。両運転台車両は、クモハ119形0番台車を改造した100番台車として、民営化直後に登場した。
◎飯田線　伊那福岡〜田切　2006（平成18）年11月8日

大糸線

車窓に白馬連峰を見て、松川を渡る115系。国鉄の分割民営化後に登場した初代長野色に塗装されている。115系は普通列車の主力であった、スカイブルー塗装の旧型国電を置き換えるべく、1981（昭和56）年から松本運転所北松本支所（現・松本車両センター）に配置された。
◎大糸線　白馬〜信濃森上　1990（平成2）年2月11日

中央本線

特急が1時間ごとに姿を現す地域の主要路線といえども、国鉄末期には閑散区間で経費節減を図り、短編成の普通列車を運転する路線が少なくなかった。木曽谷は日中、人の行き来が少ない区間。3両編成の115系が、積雪に見舞われた奈良井宿を行く。
◎中央本線　藪原〜奈良井　1984（昭和59）年11月3日

山間部の狭小地に敷設された区間が点在する中央本線。そのため、当初は単線で開業し、後に複線化された例は多い。落合ダムの畔を行く落合川〜坂下間は1968（昭和43）年に複線化された。ダムに架かる上部トラス橋には、20m車の6両編成が丁度収まる。◎中央本線　坂下〜落合川　1986（昭和61）年2月11日

1973（昭和48）年に中央本線の全線電化が達成されたのを機に、名古屋〜中津川間の快速列車へ113系が投入された。以降、座席の間隔を拡大した2000番台車等が新製配置された神領電車区（現・神領車両区）所属の車両が、普通列車を含めて2006（平成18）年まで名古屋口で使用された。◎中央本線　武並〜恵那　1988（昭和63）年4月11日

山深い木曽路を進む中央西線だが、沿線に周辺にそびえる中央アルプスの秀峰を眺めることができる区間は思いのほか少ない。そんな中で大桑駅の周辺では、木曽山脈の最高峰である木曽駒ケ岳（2,956ｍ）が上り列車の後ろに雄姿を現す。165系との組み合わせは魅惑の山岳鉄道風景だった。◎中央本線　大桑〜野尻　1997（平成９）年１月24日

篠ノ井線

姨捨駅付近からは眼下に長野盆地（善光寺平）が広がる。日本の鉄道三大車窓に数えられる絶景を背景にして、山岳路線向けの車両が急勾配を行き交った。国鉄の分割民営化後、115系に施された塗装は初代長野色と呼ばれる、白地に緑と赤い線を組み合わせた塗分けだった。◎篠ノ井線　桑ノ原（信）〜姨捨　1994（平成6）年9月10日

JR東日本の発足以降、地域色への塗装変更が進んだ長野、松本地区の115系。しかし、飯田線などから乗り入れてくるJR東海所属の115系は湘南色で現れた。JRマークが貼られていないすっきりとした姿は、短い編成ではあるものの国鉄時代を彷彿とさせた。◎篠ノ井線　聖高原〜冠着　2004（平成16）年9月13日

篠ノ井を出た松本行きの列車は、駅と信号場の３か所に亘って連続するスイッチバックで高度を稼ぎ、全長2,526mの冠着トンネルを潜って冠着山（1,252m）の南麓へ出る。普通列車には115系が充当され、その一部には郵便荷物電車が連結されていた。
◎篠ノ井線　羽根尾（信）　1982（昭和57）年10月４日

関西本線

1982（昭和57）年5月17日に関西本線八田〜亀山間の電化が完成。先に電化工事が完成していた名古屋〜八田間と合わせて、名古屋口に電車が走り始めた。大垣電車区（現・大垣車両区）に所属する3両編成の165系が213系が登場するまで運用された。
◎関西本線　井田川〜加佐登　1987（昭和62）年10月18日

最古の国電が形を留めた奇跡

松本電気鉄道ハニフ1

　現在、鉄道博物館に保存されているハニフ1は、日本における国電の始祖とされる車両群の一両だ。現在のJR中央本線の一部区間を建設した甲武鉄道が、飯田町（現在は廃止）～中野間の電化開業に伴い、木造車体を載せた二軸電車を1904（明治37）年に導入した。電動機はアメリカのゼネラル・エレクトリック社製。車体等は自社の飯田町工場で製造した。後に電化区間の延伸、路線の国有化に伴って同系車が増備され、1909（明治42）年までに32両が製造された。ハニフ1の原形であったデ963形は26両が製造され、電化区間の主力となった。

　大正期に入り、黎明期の電車達は発展の兆しを見せていた各地の地方私鉄へ、電装品を外した上で客車として譲渡された。デ963形のデ968は、JR大糸線の前身となった信濃鉄道へ移りロハフ1となった。これらの譲渡車両は1925（大正14）年に廃車。しかし、2両が筑摩鉄道（現・アルピコ交通）へ譲渡され、荷物合造車に改造されてハニフ1, 2となった。ハニフ2は1938（昭和14）年に廃車となった。一方、ハニフ1は1955（昭和30）年に廃車されるも、その歴史的価値が注目され、新村車庫において専用の車庫で半世紀以上に亘って保管された。

鉄道博物館入りを前に、長年に亘って保管されてきた新村車庫で、車両を屋外に出して展示会が催された。
◎松本電気鉄道（現・アルピコ交通）新村　2007（平成19）年3月21日

5章
近畿

京阪神間は伝統の電車道。昭和末期に地方路線まで電化が進展

冠雪の伊吹山を背景に「新快速」として米原口を走る117系。◎東海道本線　近江長岡〜醒ヶ井　1991（平成3）年1月15日

紀勢本線

国鉄最後のダイヤ改正が1986（昭和61）年11月1日に実施された。その際、紀勢本線の電化区間に残っていた客車列車は、165系に置き換えられた。同時に中央東線筋の急行は、特急への格上げ等で夜行を除いて全廃され、余剰となった車両が日根野電車区（現・吹田総合車両所日根野支所）へ転属した。◎紀勢本線　江住〜見老津　1998（平成10）年4月3日

和歌山～新宮間の電化開業時に紀勢本線へ投入された113系は、後に165系へ置き換えられた。しかし、JR西日本の発足時に継承された同形式は、和歌山～紀伊田辺間の普通列車運用に充当された。かつて阪和線の「新快速」に採用された灰色9号の地に青22号の帯を巻いたいで立ちだった。
◎紀勢本線　切目～岩代
1995（平成7）年4月29日

海辺の印象が強い紀勢本線だが、港町を巡る間には大小の山や丘陵が立ちはだかる。明治期から建設が進められた路線故、トンネルで山中を一気に潜る近代的な鉄道に加え、山中に工夫を凝らして、線路を敷設した区間もある。山腹に架かる古風なアーチ橋を165系が渡って行った。
◎紀勢本線　江住～見老津
1998（平成10）年4月3日

紀勢本線が沿岸部を通る紀伊半島の南部では、鉄路が太平洋に面した海岸線を行く区間が点在する。見老津付近ではトンネル同士の間で、線路が陽光下に現れる僅かな区間。車窓に海辺の景色が広がる。165系では窓を開けて、潮風を五感で楽しむことができた。◎紀勢本線　双子山（信）〜見老津　1998（平成10）年4月3日

関西本線

1973（昭和48）年に奈良〜湊町（現・JR難波）間が電化されて以来、101系、103系と4扉の通勤型電車が普通列車の運用に充当されてきた関西本線の大阪口。現在、車両の主力はJR世代に移った。
◎関西本線　木津〜平城山　2012（平成24）年5月13日

阪和線

昭和50年代の初めまでは雑多な旧型国電が集まり、愛好家の間で「西の電車博物館」と称された阪和線。「快速」にはスカ色、湘南窓、3扉車の70系が充当されていた。中間車には旧型国電時代の阪和色に塗られた、72系が組み込まれている。
◎阪和線　浅香　1978（昭和53）年12月26日

昭和50年代に103系が旧型電車を一掃した阪和線。以降、国鉄標準系の通勤型電車が長らく普通列車で主役の座に就いた。車体の塗装はかつての京浜東北線等と同じスカイブルー（青22号）の単一色塗り。４両編成の身軽ないで立ちで、大阪府南西部の街を結んでいた。
◎阪和線　天王寺〜美章園
2011（平成23）年４月７日

昭和50年代まで、関西の旧型国電博物館との呼び声が高かった阪和線だが、近代型通勤電車の103系は1965（昭和40）年から天王寺〜鳳間で使用された。ヨン・サン・トオの白紙ダイヤ改正時には、天王寺〜和歌山間の快速列車に充当され、所要時間の短縮に貢献した。
◎阪和線　山中渓〜紀伊
2001（平成13）年４月１日

奈良線

宇治川に架かる道路橋は、木製の欄干を奢られて遠い昔に想いを馳せる設えになっている。道路橋の下流側に架かる奈良線の橋梁は、プレートガターが連なるすっきりとした形状。川を渡るウグイス色塗装の103系は、当地の名産品である茶葉を彷彿とさせる。◎奈良線　黄檗〜宇治　2009（平成21）年 4 月 8 日

玉水駅付近で、奈良線が川底の下を潜る青谷川（あおたにがわ）。山城地域を潤す木津川に注ぐ支流はかつて、天井川となっている部分が、今日ほど長くなかったといわれる。近代期に入り、治山事業等の衰退等で周辺の土砂流失が進み、今日の状況をつくり出した。◎奈良線　玉水〜棚倉　2009（平成21）年 4 月11日

桜井線

霊峰三輪山（467.1ｍ）に見守られて桜井線を行く2両編成の普通電車。当路線で運用されていた105系は和歌山線、紀勢本線等の電化時に投入された、常磐線、阪和線で新車投入により余剰となった103系を地方路線用に改造した車両で賄われていた。
◎桜井線　三輪〜巻向
2009（平成21）年10月4日

かつて、関西本線を走る電車の色として親しまれた、ウグイス色に白帯を巻いた103系が三輪山の麓に残る田園の中を進む。朝夕の混雑時に対応して、吹田総合車両所奈良支所所属の車両が運転されていた。現在は年始の臨時運用等に充当されるばかりだ。
◎桜井線　巻向〜三輪
2010（平成22）年4月18日

畝傍山（198.8ｍ）は奈良盆地にある大和三山の一峰。大和三山と称される天香久山、畝傍、耳成山の中では一番標高が高い。桜井線の沿線で、畝傍駅周辺より、穏やかな山容を望むことができる。当路線では、地方路線向けに製造された105系が活躍した。
◎桜井線　畝傍〜香具山
2009（平成21）年10月4日

和歌山線

1984（昭和59）年10月に五条〜和歌山間が電化開業し、和歌山線が全線電化された。地方路線向けの電車である105系の他、113系が引き続き投入された。明灰色に朱色の帯を巻く塗装をまとい関西本線等で「快速」に使用されていた車両と同じだった。◎和歌山線　掖上〜吉野口　1984（昭和59）年12月3日

東海道本線

蒸気機関車がけん引する特急「燕」を始め、幾多の魅力的な鉄道情景が展開してきた京都山科の大築堤。東海道新幹線の開業で在来線の優等列車が縮小された中で、昭和50年代後半からの主役は、「シティライナー」の通称で「新快速」に投入された117系だった。◎東海道本線　京都～山科　1984（昭和59）年12月7日

昭和30年代の末から、京阪神間の快速列車に充当された113系。先代の80系が一等車(現・グリーン車)を連結していたのに対し、普通車のみの11両編成で運転した。扉付近のデッキがないセミクロスシート車の投入で、通勤時間帯等の混雑は緩和された。◎東海道本線　山崎～長岡京　1996(平成8)年9月4日

東海道新幹線の開業で東海道本線の急行運用が大幅に削減されて以来、大垣電車区(現・大垣車両区)所属の153系は名古屋口の快速列車に充当された。編成は165系が混在する8両編成。昭和50年代に入ると、京阪神地区で「新快速」の運用に当たった「ブルーライナー」塗装の車両が混じることがあった。
◎東海道本線　近江長岡～柏原　1979(昭和54)年8月1日

関西地区で201系が初めて投入された東海道、山陽緩行線。1982 (昭和57) 年から高槻電車区 (現・網干総合車両所高槻派出所) に配置された。車体は先代の103系と同じく、関西では阪和線等で親しまれたスカイブルー (青22号) の一色塗りだった。
◎東海道本線　新大阪～大阪　1988 (昭和63) 年12月7日

草津線

山里に春がやって来て、線路の周辺を彩る桜並木は満開を迎えた。緑色単一の地域色や他の形式車両が混在する草津線で、湘南色塗装の国鉄形近郊型電車は、日本らしい情景に最も良く馴染んでいるように映った。字幕の路線表示に載る簡潔なフォントが好ましい。◎草津線　油日〜柘植　2009（平成21）年4月12日

草津線を行き来する113系は湘南色。草津で合流する東海道本線で同形式の運用がなりを潜めた後も、京都まで乗り入れる運用を持っていた。先頭車は113系の先行形式である111系の流れを踏襲したクハ111形。高速化改造を施された5700番台車だ。◎草津線　三雲〜貴生川　2009（平成21）年4月12日

大阪環状線

先頭車に視認性の向上等、運転環境に配慮した高運転台仕様の制御車を組み込んだ103系が、旧淀川に架かる上部トラス橋梁を渡る。先頭車と2両目以降では異なる更新改造が施工された車両で、雨樋や窓周りの形状等、先頭車と大きく印象が異なる。
◎大阪環状線　天満～桜ノ宮
2013（平成25）年9月9日

夕焼けに染まる高架区間を103系の普通列車が車体を揺らせて進んで来た。山手線等と比べ、運行ダイヤは都会の路線としては、ゆったりとしている。西九条駅の大阪方には僅かな距離ながら貨物線が大阪環状線と並行し、三線区間の線路形状になっている。
◎大阪環状線　西九条～野田
2009（平成21）年1月20日

103系同士がすれ違った。環状運転する列車に加えて、関西本線や阪和線に出入りする快速列車等が乗り入れる環状線で、同形式の電車が出会う機会は思いのほか少ない。普通列車のダイヤは、都市部としては比較的ゆったりとした間隔になっている区間がある。◎大阪環状線　西九条～野田　2003（平成15）年8月11日

新今宮は南海本線との乗換駅で、天王寺と共に動物園や美術館がある天王寺公園の最寄り駅。それ故、ホームが遠足に出掛ける小学生で賑わうこともある。黄色い帽子が重なる微笑ましい眺めの向こうに、オレンジバーミリオンの電車が現れた。
◎大阪環状線　新今宮　2003（平成15）年10月17日

大阪環状線、桜島線には1969（昭和44）年より103系が投入された。車体色は中央本線の快速列車と同じオレンジバーミリオン（朱色１号）の一色塗り。JR西日本の発足時には、森ノ宮電車区所属の８両編成28本と６両編成５本が、両路線用として旧国鉄から継承された。◎大阪環状線　玉造～鶴橋　2003（平成15）年10月17日

大阪の街中を横断する国道2号線の近く
で、大阪環状線と阪神本線が交差する。
103系が主力であった時代、大阪と神戸を
結ぶ阪神では、クリーム地に青や赤の塗
分けを施された、昭和50年代に製造され
た電車が俊足を誇っていた。
◎大阪環状線　福島～野田
2003（平成15）年8月11日

桜島線

大阪環状線に201系が投入
された後、桜島線内の運用
にも201系が入り、使用車
両の統一が図られた。途中
のユニバーサルシティ駅に
隣接するテーマパーク、ユ
ニバーサルスタジオジャパ
ンに因んだラッピング車両
が201系でも登場した。
◎桜島線　西九条
2015（平成27）年9月10日

おおさか東線

一部区間は貨物線として使用され、路線の整備によって建設されたおおさか東線。2008（平成20）年に久宝寺〜放出間が部分開業した際には、未だ関西本線の天王寺口等に乗り入れていた吹田総合車両所奈良支所所属の103系が充当された。
◎おおさか東線　JR長瀬　2010（平成22）年9月10日

大規模な上部トラス橋梁に敷かれた複線の線路は新設区間。装いも新たにウグイス色で身を固めた201系が、全通なった新路線を行く。大阪環状線の運用を受け持つ森ノ宮電車区から、吹田総合車両所奈良支区へ転属した車両が、新規路線の運用を受け持った。
◎おおさか東線
JR野江〜鴫野
2019（平成31）年3月20日

山陰本線

山陰本線の京都口では、京都〜園部間が1990（平成2）年に電化され、113系による運転が始まった。後にワンマン運転対応車に改造された5300、5800番台車は、湘南色の塗分けにクリーム色の細い帯を足した専用塗装に塗り替えられた。
◎山陰本線　綾部〜山家
2005（平成17）年3月31日

山陰本線を走る115系と113系の混結編成。前の2両は1999年（平成11年）の舞鶴線電化時に登場した福知山電車区の115系6500番台。他線区からの転属車でリニューアル工事や短編成改造などをして導入され、写真2両目のクモハ114形6600番台は切妻の先頭車となっている。また後ろに連結されている2両は113系5300番台で、こちらもリニューアル工事が行われている。
◎山陰本線　上夜久野〜下夜久野
2004（平成16）年3月9日

福知山線

JR西日本の発足後、京阪神を結ぶ「新快速」の運用を221系に譲った117系は、宮原電車区（現・宮原総合運転所）所属の車両が、福知山線の運用に就くようになった。車体塗装は、クリーム10号に幅の異なる緑14号の帯二本を巻く仕様に塗り替えられた。
◎福知山線　市島〜黒井
2005（平成17）年3月31日

渓流に削られた岩肌が勇壮な面持ちを見せる篠山川沿いを行く113系。塗装は転属時の湘南色から緑色単一塗装の地域色に変わっていた。更新化改造で屋上のベンチレーター等は取り払われ、冷房機器のみが載る、すっきりとした外観になっている。◎福知山線　下滝〜丹波大山　2011（平成23）年7月17日

播州地方の大河である加古川を渡る103系3550番台車。山陽本線の加古川駅と福知山線の谷川駅を結ぶ加古川線の電化に合わせ、中間電動車を制御電動車に改造して誕生した形式だ。路線内では多い旅客需要が見込まれる、加古川〜西脇市間の運用を中心に受け持つ。◎加古川線　厄神〜市場　2009（平成21）年10月29日

加古川線

北陸急行の面影を直江津界隈で拾う

えちごトキめき鉄道455系、413系

　第三セクター鉄道のえちごトキめき鉄道は、北陸新幹線の金沢開業時にJR東日本、西日本の管轄外となった旧信越本線の妙高高原～直江津間と、旧北陸本線の市振～直江津間の経営を2015（平成27）年引き継いだ会社である。

　路線の活性化策として、クハ455形を1両と413系3両編成1本を2021（令和3）年にJR西日本から購入した。413系の編成に連結していたクハ412形をクハ455形と入替え、車体を国鉄交流急行形電車色と呼ばれる赤13号とクリーム4号の二色塗りに変更。土曜休日を中心に臨時列車として妙高はねうまライン、日本海ひすいラインの両路線で運転している。

　午前中に直江津～妙高高原間を快速列車として1往復。正午前から夕刻の時間帯に直江津～市振間を「急行」として2往復するのが一般的な運用だ。クハ455形は「立山」「ゆのくに」等、国鉄時代に運転した急行列車のヘッドマークを、快速列車として運転する区間を含めた全行程で掲出する。

◎えちごトキめき鉄道　妙高はねうまライン　二本木～関山　2021（令和3）年11月7日

6章
中国・四国・九州
海を渡り、海峡を潜って、個性派の電車が町にやって来た

起点駅の門司港から九州随一の大都市である博多。さらに大牟田、熊本と主要都市を結んでいく鹿児島本線。旅客需要が高い地域で、長距離を走る普通列車が多く設定されていた主要幹線には電化の進展に伴い、多くの乗降客が便利に利用できる近郊型電車が投入された。◎鹿児島本線　木葉〜田原坂　2003（平成15）年3月27日

山陽本線

117系が専用車両として運用されていた時代。京都発の下り「新快速」は日中、1時間に4本の頻度で運転していた。しかし、安土発の普通列車から連続運用となる1番列車は9時台の発車時刻。16時30分発の大阪行きが最終便となり、通勤客輸送に対応した列車ではなかった。◎山陽本線　須磨～塩屋　1983（昭和58）年9月10日

東海道、山陽本線の快速運用を担っていた網干電車区（現・網干総合車両所）所属の113系。JR西日本の発足以降は221系、223系が台頭し、末期は普通列車の運用が主体となって2004（平成16）年まで使用された。前面に催し物の開催等を記載した、ヘッドマークを掲出することがあった。
◎山陽本線　魚住～大久保
2001（平成13）年9月19日

山陽本線の広島口に115系が新製投入され、同地域で使用されてきた111系は昭和50年代に入って下関運転所（現・下関総合車両所）へ転属した。クハ111形は大型の前照灯を搭載し、湘南色の塗装と共に昭和30年代に続々と登場した近代型電車の面影を色濃く残す。
◎山陽本線　嘉川～本由良
2005（平成17）年11月21日

1992（平成4）年3月14日ダイヤ改正で、岡山地区に快速「サンライナー」が設定された。専用車両として117系が、宮原電車区（現・網干総合車両所宮原支所）から岡山電車区へ転属した。4両編成で運用に就く。車体塗装は編成の前後と側面に列車名を記載した専用塗装だった。
◎山陽本線　庭瀬～中庄
2007（平成19）年12月5日

上郡～和気間は、山陽本線で列車の運転頻度が最も低い区間だ。しかし兵庫、岡山の県境に船坂峠が控える経路では、山腹に大きな岩肌が露出した山塊が車窓を飾り、個性的な山の風景を楽しむひと時を過ごすことができる。沿線の山里には四季折々の花が咲く。◎山陽本線　三石～吉永　2004（平成16）年4月12日

山陽本線八本松〜瀬野間には、瀬野から22.6‰の上り急勾配が連続し、「セノハチ」「西の箱根」と呼ばれる山陽路随一の難所となっている。車両の近代化が進められる中で、山岳区間に対応する115系が投入されていた。
◎山陽本線　八本松〜瀬野　2007（平成19）年12月4日

岡山では山陽本線を始めとした、周辺路線で運転される多種多様な電車を見ることができる。岡山駅の留置線は山陽本線と宇野線の間にあり、地域色に身を包んだ列車が頻繁に出入りする。この日の構内は113系に115系。新快速馴らした117系と、国鉄形車両で占められていた。
◎山陽本線　岡山
2012（平成24）年9月19日

日本三景に数えられる厳島（安芸の宮島）へ向かう、鉄道連絡船の接続駅である宮島口に停車するのは通勤型電車の103系。1993（平成5）年に下関運転所（現・下関総合車両所）から広島運転所へ転属して来た。「瀬戸内色」と呼ばれるクリーム1号の地に青20号の帯を巻く塗装だった。
◎山陽本線　宮島口
2005（平成17）年9月26日

岡山駅4番のりば。JR西日本社内の東海道、山陽筋で運転していた113系、115系等には、茶系の2色に青い帯を巻いた塗装が広く普及していた。落ち着いた塗装に旅行客の影が延びる駅の情景は、旅情を誘う一コマだ。同様の塗装は津山線等の気動車にも施されていた。
◎山陽本線　岡山
2012（平成24）年9月19日

下関駅のホームに顔を揃えた近郊形電車。山口方面と行き来きする直流電車の他、関門トンネルを潜って九州へ出入りする、交直流両用電車もやって来る。遠い昔、国際列車の終着駅であった構内には、在来線の優等列車がなりを潜めた後も、国鉄の残り香が漂っていた。◎山陽本線　下関　2004（平成16）年11月22日

昭和50年代の半ばに考案された「ひろしまシティ電車」。山陽本線広島口の運転頻度を増し、サービスの向上を図る施策だった。それに対応して登場した電車が115系3000番台車だ。客室扉は二か所になり、ふたつ連続した側窓が、近郊型電車の中で異彩を放っていた。◎山陽本線　厚狭〜埴生　2009（平成21）年8月31日

山陽本線（和田岬線）

山陽本線の兵庫駅からは、いくつもの工場が建つ臨海部へ向かって、2.7kmの支線が分かれている。終点の地名に因み、和田岬線の愛称で呼ばれる路線は、2001（平成13）年に電化された。以降、スカイブルー塗装の103系6両編成が運用に就いている。
◎和田岬線　兵庫～和田岬
2014（平成26）年5月23日

短路線の中間部付近には兵庫運河が流れる。運河を渡る橋梁の一部は旋回橋で、運河を利用する船舶の往来時には動いて、船を通す構造である。現在、橋は固定されている。同施設は2021（令和3）年に土木学会選奨土木遺産に認定された。
◎和田岬線　兵庫～和田岬　2014（平成26）年5月23日

赤穂線

赤穂線内を運行する列車の中には、岡山から山陽本線の
福山方面、伯備線へ乗り入れる列車が少なくない。赤穂
市の郊外を行く115系の３両編成は、伯備線の備中高梁ま
で足を延ばす。地域色塗装の電車が多い中で、岡山電車
区所属の車両には湘南色をまとう編成が健在だ。
◎赤穂線　西相生～坂越　2001（平成13）年９月18日

赤穂線の岡山口では、西大寺駅等までの区間列車が設定
され、日中は１時間に２往復の運行体制となる。傾き始
めた太陽に水面がきらめく吉井川を渡るのは３両編成
の普通列車。115系や213系等の国鉄型電車が使用され
ている。
◎赤穂線　西大寺～大富2006（平成18）年12月21日

播但線

1998（平成10）年に姫路〜寺前間が電化開業し、103系が普通列車として走り始めた。ヒマワリが揺れる真夏の田園地帯を行く真っ赤な二両編成の電車は、都会を走る通勤電車と同じ形式ながら、喧騒に包まれた駅を分刻みで発着する列車とは異なる、長閑さをまとっていた。◎播但線　甘地〜鶴居　2009（平成21）年8月17日

宇野線

宇高連絡船に連絡し、四国へ向かう玄関口だった宇野線には、通勤型電車の103系も顔を出していた。夕刻、夜間に岡山発宇野行きの列車が一本ずつ設定されていた。宇野に着いた列車は滞泊し、翌朝の通勤列車で岡山へ帰る運用だった。◎宇野線　八浜〜備前田井　2009（平成21）年4月17日

伯備線

電動車のモハ114形に運転台を追加する改造を施して、電動制御車化したクモハ114形1000番台車。伯備線の新見～伯耆大山間と山陰本線の伯耆大山～西出雲間のワンマン運転化に合わせて投入された。切妻部に運転台を設置した正面周りは非貫通で、従来車と大きく異なる表情になった。◎伯備線　岸本～伯耆大山　2011（平成23）年2月3日

伯備線の普通列車は概ね、新見で運転系統が南北に分かれる。倉敷～新見間は1時間に1往復程度の運転間隔で、これに備中高梁、総社を始発終点とする区間列車が加わる。山陽本線から乗り入れる列車もあり、主力の115系と共に113系、213系が姿を見せる。◎伯備線　方谷～備中川面　2003（平成15）年8月3日

消えゆく蒸気機関車が人気を集めた昭和40年代に、デゴイチの三重連で注目を浴びた伯備線。中国山地を縦断する山岳路線は1982（昭和57）年に全線電化された。湘南色の115系が、中国山中に姿を見せた。当初6両だった列車編成は後に列車増発のため、3、4両編成に短縮された。◎伯備線　備中神代～布原（信）1984（昭和59）年8月14日

呉線

下関運転所(現・下関総合車両所)、関西地区から広島運転所に転属した103系は山陽本線、呉線、可部線で運用された。呉線では三両編成で快速「安芸路ライナー」の運用に就いた。新学期を迎えた小学校の校庭に咲くサクラの下を、瀬戸内色の編成が駆け抜けた。
◎呉線　須波〜安芸幸崎　2007(平成19)年4月9日

瀬戸内海の沿岸部に敷設された呉線。途中に旧日本海軍の大規模な軍港が置かれていた呉市がある。起点の三原駅を出てからほどない安芸幸崎から忠海に至る区間で、路線は山越えの経路を避けるかのように、稜線が海岸部に落ち込む、狭小な海辺の道を辿る。
◎呉線　安芸幸崎〜忠海　2013(平成25)年2月7日

福塩線

福山城に隣接した福山駅から西方へ進んだ福塩線は、市街地を抜けて瀬戸内海に注ぐ芦田川の東岸に出る。山陽自動車道を潜る辺りから一旦、川と離れるものの、湯田村駅付近で線路は大きく西へ向きを変え、再び川と共に電化区間の終点である府中を目指す。◎福塩線　備後本庄～横尾　2013（平成25）年 2 月 26 日

福塩線で運転していた旧型国電の置き換えるために投入された105系。1981（昭和56）年製造のグループは新製車である。車体の基本構造は103系に準ずるが、地域ごとの運用を考慮して、貫通扉が設置された。黄色 5 号の地に青20号の帯を巻いた塗装は登場時の姿だ。◎福塩線　横尾～備後本庄　2007（平成19）年 7 月 28 日

可部線

50系等、第二次世界大戦前に製造された省型国電を置き換えるため、1976（昭和51）年に投入された72系。薄緑色の塗装で制御車の正面はオレンジ色の警戒塗装が施されていた。四扉車は広島近郊の通勤輸送に重宝されたが、可部線での活躍期間は八年余りだった。◎可部線　上八木～中島　1983（昭和58）年6月3日

地方の電化路線で運転されていた旧型国電を置き換える目的で、昭和50年代半ばから製造された105系。可部線には主に103系を改造した車両が導入されたが、宇部・小野田線からの転属車は0番台の新製車であった。
◎可部線　上八木～中島　2001（平成13）年8月9日

小野田線

雀田と長門本山を結ぶ小野田線の本山支線は、全長2.3kmの盲腸線。国鉄時代には朝夕晩の時間帯に12往復の運転があった。さらに学校へ週休二日制が導入される前は、土曜日の午後に1往復が増発された。現在は朝2往復。18時台に1往復の3往復体制になっている。
◎小野田線　本山支線
浜河内〜長門本山
2001（平成13）年3月19日

本山支線の終点、長門本山駅は周防灘に面した海辺にある。構内の手前でS字状の曲線を描く線形は、かつて分岐線があったことを窺わせる。しかしクモハ42形が現役であった頃には、すでに棒線構造の駅になり、駅舎も取り壊されていた。
◎小野田線　本山支線
長門本山
2001（平成13）年3月19日

小野田線で使用されていた旧型国電は1981（昭和56）年に105系へ置き換えられた。しかし、その後も3両のクモハ42形が残され、本山支線の運用を引き続き担当した。最後の一両となったクモハ42001は2003（平成15）年まで活躍した。
◎小野田線　本山支線　浜河内～長門本山　1996（平成8）年7月26日

宇部線

旧国鉄が分割民営化される直前の1987（昭和62）年に、荷物郵便電車のクモニ143から改造され誕生した123形番台車。JR西日本に5両が継承された。2000年代に入って全車が宇部線、小野田線に集まった。閑散時には単行で普通列車の運用に就く。
◎宇部線　琴芝～宇部新川　2009（平成21）年10月27日

小野田線、宇部線で運転される電車が集まる宇部新川駅。1モーター車の105系、123形が構内で休む様子は、かつて各地に点在した旧型国電の聖地を彷彿とさせる。民営化後に登場した塗装が何種類も混在していた過渡期の様子は、模型の世界につくられた情景のようだ。◎宇部線　宇部新川　2013（平成25）年2月8日

付近に海水浴場がある常盤駅付近で、宇部線は僅かな距離ながら海岸部へ出る。茂みの中から姿を見せた105系は３扉の新造車。旧国鉄時代の昭和50年代半ばに、当路線で運転されていた旧型国電を置き換える目的で投入された。三色塗りは民営化後の広島、山口地区に登場した。◎宇部線　常盤〜床波　2009（平成21）年10月27日

本四備讃線

高松、本州から来た列車が出会う宇多津。構内に近づいて来た電車は、たくさん設置された分岐器を目の前にして、自ずと速度を落とした。宇多津は塩づくりで栄えた瀬戸内の町だ。潮風が吹き渡る高架線には、湘南色をまとった電車が良く似合う。
◎本四備讃線　宇多津　2005（平成17）年5月27日

瀬戸大橋を渡る本四備讃線と予讃線が出会う宇多津界隈。瀬戸大橋から坂出、宇多津の双方へ向かう線路と、従来の予讃線が高架橋となって、どっしりとした風貌の三角線を築いている。四国仕様の113系が走る急曲線を描く線路は予讃線に当たる。
◎本四備讃線　宇多津～坂出　2006（平成18）年4月1日

予讃線

国鉄時代の最末期。予讃線、土讃線の電化開業時に配置された111系は、世紀を跨ぐ頃になり、老朽化が目立ち始めていた。JR四国は代替車両としてJR東日本から113系4両編成3本を購入し、改造の上で本四備讃線、宇野線を含む四国管内の電化路線に投入した。◎予讃線　讃岐府中〜国分　2003（平成15）年5月27日

波静かな瀬戸内沿いの鉄路を四国仕様の113系が進む。JR東日本から購入した113系は、更新化改造で前照灯周りの形状が変わり、貫通扉には列車種別表示器が増設されて、原形と異なる表情になった。塗装は譲渡された3編成で、異なる配色を採用した。◎予讃線　海岸寺〜津島ノ宮（臨）　2005（平成17）年5月27日

土讃線

旧国鉄最後のダイヤ改正となった1987（昭和62）年3月23日に予讃本線（現・予讃線）高松〜坂出　多度津〜観音寺間。土讃本線（現・土讃線）多度津〜琴平間が電化開業した。それに合わせて用意された電車が121系だ。電動制御車と制御車の2両で1ユニットを組む。◎土讃線　琴平〜善通寺　2010（平成22）年8月7日

多度津〜琴平間が電化された土讃線には113系、115系が乗り入れた。岡山電車区に所属する113系D27編成は、電化区間の終点琴平町内に祀られた金刀比羅宮の観光キャンペーン開催に際し、黄色の地に神社を象徴する金印と「しあわせこんぴらさん」の文字をあしらった塗装に塗り替えられた。◎土讃線　善通寺〜琴平　2006（平成18）年11月30日

鹿児島本線

門司駅は鹿児島本線の列車に加え、関門トンネルを潜って本州からの列車もやって来る、九州在来線の玄関口だ。電化方式の異なる路線が接するため、構内の下関方には無通電区間が設けられている。ホームの端からは、「交直転換」の注意書きを眺めることができる。◎鹿児島本線　門司　2004（平成16）年8月9日

福岡県東区の名島付近を流れる、多々良川の河口付近には鹿児島本線、西鉄宮地岳線（現・西鉄貝塚線）、国道3号の橋が並んで架かる。満潮時には架線柱の根元付近まで水位が上がり、下り列車の左手車窓からは視界が開けて、水面を軽快に滑っているかのようだった。◎鹿児島本線　千早～箱崎　2005（平成17）年8月2日

八代市南部の赤松太郎峠西麓で、八代海沿岸を通る鹿児島本線。急行形電車を用いた普通列車が海岸部を走る。国鉄末期になると、かつて急行運用に就いていた電車が編成を短縮化され、車体塗装は急行時代のまま、普通列車として運用されていた。
◎鹿児島本線　上田浦〜肥後田浦　1983（昭和58）年9月15日

阿久根市の郊外で鹿児島本線（現・肥薩おれんじ鉄道）は、天草灘を西側の車窓に見て進む。2004（平成16）年に九州新幹線の新八代〜鹿児島中央（前・西鹿児島）間が暫定開業したことに伴い、新規開業した第三セクター区間にJRの電車は入線しなくなった。鹿児島本線　西方〜薩摩大川　1996（平成8）年8月1日

九州新幹線開業後の鹿児島中央駅。西鹿児島と呼ばれていた時代から、日本最南端の鉄道拠点だった。新幹線の高架ホームが建設された後も、地上部分には在来線のホームが並ぶ。構内では国鉄型の近郊型電車と電気機関車が肩を並べていた。
◎鹿児島本線　鹿児島中央　2011（平成23）年11月22日

日豊本線

通い慣れた行路の途中に続く桜並木は、急行時代に通った往時と同様、たわわに花を咲かせた。塗装は変わってしまったが側面の二枚扉と、その間に整然と並んだ窓は、昭和40年代生まれの優等列車用車両であることを、普通列車運用に就く今日も誇示しているかのようだった。◎日豊本線　杵築〜中山香　2005（平成17）年4月6日

交流電化路線の電車化を推進する目的で試作された713系。4編成8両が1983（昭和58）年に製造された。当初は長崎本線、佐世保線に投入された。1996（平成8）年に宮崎空港線が開業し、空港と宮崎市内を結ぶシャトル便に転用。同時に愛称名である「サンシャイン」に因み、赤を基調とした塗装になった。◎日豊本線　田野〜門石（信）　2002（平成14）年8月5日

日豊本線は始良（あいら）から終点の鹿児島に至る区間で鹿児島湾の海岸沿いを進む。山塊が海へ流れ込むような地形の竜ケ崎界隈に平地部分は少なく、狭小地に鉄道と道路が並行している。電化開業以降の普通列車の主力車両は、客車から近郊型交流電車に移った。
◎日豊本線　鹿児島〜竜ケ水
2011（平成23）年11月22日

日向灘へ注ぐ耳川の河口付近には日豊本線の橋梁が架かる。大きな曲線を描く橋梁の両側は上部トラスの形状になっている。
1974（昭和49）年に幸崎〜南宮崎間が電化されたものの、普通列車には客車が昭和50年代の後半まで、電車に交じって運用された。◎日豊本線　美々津〜南日向　1996（平成8）年8月3日

日豊本線の末端部では電化開業以降、宮崎〜西鹿児島（現・鹿児島中央）間の快速「錦江」等、本線内のみを走る列車に電車を充当していた。しかし、運転本数は多くなく、昭和50年代までは機関車牽引の客車で運転する列車もあった。
◎日豊本線　門石（信）〜青井岳　1983（昭和58）年8月16日

近郊形電車と急行形電車が統一した塗装に身を固め、菜の花畑の中を行進していった。5両編成の中程に連結されている車両は、グリーン車を改造して制御車化、普通車に格下げしたクハ455形600番台車だ。
◎日豊本線　国分〜霧島神宮　2004（平成16）年4月5日

長崎本線

九州で鹿児島本線、日豊本線と共に主要路線と並び称される長崎本線。電化開業は意外と遅く、1976（昭和51）年に鳥栖〜市布〜長崎間が交流電化された。普通列車には、3扉の近郊型電車415系が投入された。潮が引いた小さな入り江を跨いで、有明海の沿岸部を行く。
◎長崎本線　多良〜里（信）　2010（平成22）年6月1日

喜々津から大村湾に沿う、大回りな経路を辿っていた長崎本線の末端区間に、市布を経由する新線が1972（昭和47）年に開業。新線は大正期公布の、改正鉄道敷設法に掲載された路線で、日本鉄道公団により建設された。1976（昭和51）年に電化開業し、電車が走り始めた。
◎長崎本線　肥前古賀〜現川
2004（平成16）年11月28日

佐世保線

昭和40年代から20年間に亘って製造が続けられた415系。国鉄の分割民営化を目前に控えた1986（昭和61）年には、同時期に誕生した直流仕様の近郊型電車である211系と同様の車体を載せた1500番台車が製造された。台車や車内の設え等にも、従来車両からの変更点がある。
◎佐世保線　高橋〜北方
2010（平成22）年6月10日

筑肥線

唐津線、筑肥線、福岡市営地下鉄1号線（現・空港線）の直通運転に対応すべく、1982（昭和57）年に製造された103系1500番台車。6両編成9本が唐津電車区（現・唐津車両センター）に配置された。地下鉄に対応すべく、正面に貫通扉を設置。窓周りの黒い部分はFRP製である。
◎福岡市交通局　空港線　博多
2008（平成20）年9月12日

2015（平成27）年に後継車両となる305系が営業運転を開始し、103系1500番台車は地下鉄路線の乗り入れ運用から撤退していった。現在は筑肥線の筑前前原～唐津間と唐津線の唐津～西唐津間でワンマン運転に限定して運用されている。松の美林が続く、虹ノ松原に沿った高架線を行く。
◎筑肥線　東唐津～虹ノ松原　2019（令和元）年11月21日

【著者プロフィール】

牧野和人（まきの かずと）

1962年、三重県生まれ。写真家。京都工芸繊維大学卒。幼少期より鉄道の撮影に親しむ。
2001年より生業として写真撮影、執筆業に取り組み、撮影会講師等を務める。企業広告、
カレンダー、時刻表、旅行誌、趣味誌等に作品を多数発表。臨場感溢れる絵づくりを
もっとうに四季の移ろいを求めて全国各地へ出向いている。

国鉄型普通電車が走る
日本の鉄道風景

2022年6月1日　第1刷発行

著　者……………………牧野和人
発行人……………………高山和彦
発行所……………………株式会社フォト・パブリッシング
　　　　　　　　　　　〒161-0032　東京都新宿区中落合2-12-26
　　　　　　　　　　　TEL.03-6914-0121　FAX.03-5955-8101
発売元……………………株式会社メディアパル（共同出版者・流通責任者）
　　　　　　　　　　　〒162-8710　東京都新宿区東五軒町6-24
　　　　　　　　　　　TEL.03-5261-1171　FAX.03-3235-4645
デザイン・DTP………柏倉栄治
印刷所……………………新星社西川印刷株式会社

ISBN978-4-8021-3328-9 C0026